XUE KE XUE MEI LI DA TAN SUO

学科学魅力大探

真相秘密研究

熊 伟 编著 丛书主编 周丽霞

星球：穿行在星球之间

汕头大学出版社

图书在版编目（CIP）数据

星球：穿行在星球之间 / 熊伟编著. -- 汕头：汕
头大学出版社，2015.3（2020.1重印）
（学科学魅力大探索 / 周丽霞主编）
ISBN 978-7-5658-1682-6

Ⅰ．①星… Ⅱ．①熊… Ⅲ．①宇宙－青少年读物
Ⅳ．①P159-49

中国版本图书馆CIP数据核字(2015)第027422号

星球：穿行在星球之间　　XINGQIU：CHUANXING ZAI XINGQIU ZHIJIAN

编　　著：熊　伟
丛书主编：周丽霞
责任编辑：胡开祥
封面设计：大华文苑
责任技编：黄东生
出版发行：汕头大学出版社
　　　　　广东省汕头市大学路243号汕头大学校园内　邮政编码：515063
电　　话：0754-82904613
印　　刷：三河市燕春印务有限公司
开　　本：700mm×1000mm　1/16
印　　张：7
字　　数：50千字
版　　次：2015年3月第1版
印　　次：2020年1月第2次印刷
定　　价：29.80元
ISBN 978-7-5658-1682-6

前言

　　科学是人类进步的第一推动力，而科学知识的学习则是实现这一推动的必由之路。在新的时代，社会的进步、科技的发展、人们生活水平的不断提高，为我们青少年的科学素质培养提供了新的契机。抓住这个契机，大力推广科学知识，传播科学精神，提高青少年的科学水平，是我们全社会的重要课题。

　　科学教育与学习，能够让广大青少年树立这样一个牢固的信念：科学总是在寻求、发现和了解世界的新现象，研究和掌握新规律，它是创造性的，它又是在不懈地追求真理，需要我们不断地努力探索。在未知的及已知的领域重新发现，才能创造崭新的天地，才能不断推进人类文明向前发展，才能从必然王国走向自由王国。

　　但是，我们生存世界的奥秘，几乎是无穷无尽，从太空到地球，从宇宙到海洋，真是无奇不有，怪事迭起，奥妙无穷，神秘莫测，许许多多的难解之谜简直不可思议，使我们对自己的生命现象和生存环境捉摸不透。破解这些谜团，有助于我们人类社会向更高层次不断迈进。

其实，宇宙世界的丰富多彩与无限魅力就在于那许许多多的难解之谜，使我们不得不密切关注和发出疑问。我们总是不断去认识它、探索它。虽然今天科学技术的发展日新月异，达到了很高程度，但对于那些奥秘还是难以圆满解答。尽管经过许许多多科学先驱不断奋斗，一个个奥秘不断解开，并推进了科学技术大发展，但随之又发现了许多新的奥秘，又不得不向新的问题发起挑战。

宇宙世界是无限的，科学探索也是无限的，我们只有不断拓展更加广阔的生存空间，破解更多奥秘现象，才能使之造福于我们人类，人类社会才能不断获得发展。

为了普及科学知识，激励广大青少年认识和探索宇宙世界的无穷奥妙，根据最新研究成果，特别编辑了这套《学科学魅力大探索》，主要包括真相研究、破译密码、科学成果、科技历史、地理发现等内容，具有很强系统性、科学性、可读性和新奇性。

本套作品知识全面、内容精炼、图文并茂，形象生动，能够培养我们的科学兴趣和爱好，达到普及科学知识的目的，具有很强的可读性、启发性和知识性，是我们广大青少年读者了解科技、增长知识、开阔视野、提高素质、激发探索和启迪智慧的良好科普读物。

目 录

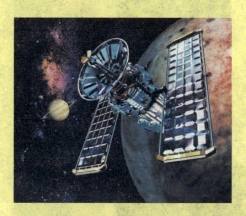

探测神秘的金星

金星的运行环境

金星是太阳系八大行星中距地球最近的一颗，在地球内侧的轨道上运行，呈金黄色，是天空中最亮的星体。但是金星总是被浓厚的云层包围着，即使用天文望远镜也很难窥见它的真面目。

金星的外表最像地球，且质量和大小都同地球相近，因此人

们一直把它看作是地球的孪生星球。

然而，金星在许多方面也与地球迥然不同，它的自转方向为由东向西，且速度很慢，周期为243天，比它绕太阳公转的周期还长18.3天，也就是说金星上的一天比一年还长。

由于金属上面的大气实在太厚，比地球大气浓密近百倍，而且总是一面朝向地球，另一面要200年才能看见一次，所以在20世纪50年代以前谁也不知道它是什么模样。

金星概貌

当雷达的回波传到地球之后，人们无不为之惊奇：原来在浓密的大气之下，金星是一个表面温度高达480摄氏度的火球；同时，金星上有无数火山不断喷发，加剧了金星大气的对流，形成一年到头的狂风，风力比地球上的台风还要猛烈6倍。面对这样的高温和充满狂风的世界，空间探测器也很难接近它进行考察。

人类对太阳系行星的探测首先是从金星开始的。迄今虽然只有约20个探测器造访过金星，但它们已初步揭开了金星的面纱。

金星的科学探测

苏联于1961年2月12日发射的"金星"1号，是第一个飞向金星的探测器。这个探测器重643千克，在距金星9.6万千米处飞过，进入太阳轨道后由于通信中断，没有探测结果。

1967年1月12日发射的"金星"4号，于同年10月18日直接命中金星，它测量了大气的温度、压力和化学组成，第一次向地面发回探测数据。

"金星"4号的质量为1.1吨，装有自动遥测装置和太阳能电池板。发射5周后，当距离地球504.6万千米时，"金星"4号上的通信和探测仪器开始按计划工作。登陆舱直径1米，质量为383千

克，其外部还有一层很厚的防热材料。

在金星大气的阻力作用下，其速度减小到300米/秒，然后降落伞张开，在进入大气层后大约1个半小时在金星表面硬着陆。此时通信突然中断，可能是因为登陆舱的天线损坏或登陆舱进入到岩石的背面，也可能是由于金星大气的温度和压力比预料的高得多，登陆舱在降落过程中损坏了。

1970年8月17日发射的"金星"7号，首次在金星上软着陆成功，它发回的数据表明，金星表面的大气压强为地球的90倍，温度高达470摄氏度。

1975年6月8日和14日先后发射的"金星"9号和"金星"10

号，于同年10月22日和25日分别进入不同的金星轨道，并成为环绕金星的第一对卫星，它们探测了金星的大气结构和特性，首次发回了电视摄像机拍摄的金星表面图像。

1981年10月30日和11月4日先后上天的"金星"13号和"金星"14号，其着陆舱携带的自动钻探装置深入到金星地表，采集了岩石标本。

1983年6月2日和7日发射的"金星"15号和"金星"16号，4个月后用雷达高度计在金星轨道上对金星表面进行扫描，绘制了北纬30度以北约25％的金星表面的地形图。

此外，苏联的"维加"1号和"维加"2号两个金星—哈雷彗

星探测器，在1985年6月9日和13日与金星相会，向金星释放了充氢气球和着陆舱，它们携带电视摄像机对金星大气和云层进行了探测，探测了金星的高速大环流，钻探和分析了金星的土壤。

延 伸 阅 读

苏联发射的"金星"4号经过4个月的飞行，越过3.5亿千米，于1967年10月18日到达金星轨道，然后向金星释放一个登陆舱。在它穿过大气层的94分钟后，发回了金星的测量数据。这是人类获得的第一批金星实地考察资料。

木星上的生命研究

木星上有生命吗

木星是一个由气体形成的行星，大气层中充满了氢气、氦气、氨、甲烷和水分，根本没有可供登陆的固态地表，这样的行星对生命的生存有着极大的障碍。但是，科学家们曾调查过木星

大气的成分，发现它们和形成早期地球海洋的物质十分相似。

因此，木星上存在着生物的说法并不是没有事实根据的。然而，木星大气层有强烈的乱流而且大气下方的温度很高，这些都是阻止生命形成的致命伤。因为这股旋涡状的乱流，任何生物一碰及就会被卷入下方高温中，遭到烤焦的命运。

科学家的假想

科学家认为，想要在这种环境下维持生命，有一个可行的办法，即在被烧焦之前复制新的个体，并且由对流现象把后代带到大气层中较高、较冷的地方。这种有机物可能很少，被称为"铅锤"。

另一种有机物是类似浮标的东西，在大气层外侧飘浮以取用食物供给所需的能量。浮标就像氢气球，飘到大气外侧较冷、较安全的地方。这种浮标型有机体可以食取有机物，还可吸收太阳光为能源，制造能量，自给自足。

科学家还推测木星上有飘浮的有机体借用大气层中空气的流动来让自己移动，想象中它们是群集在一起的，但它们的生活环

境不十分安全，它们周围可能存有狩猎者。此狩猎者的数量应该不多，因为如果数量太多，吃掉所有的飘浮有机体，自己也无法生存下来。

这三种生物是否真的存在，至今仍是一个大谜团。

延　伸　阅　读

　　木星是一颗以氢为主要成分的天体，这与我们的地球有很大的差异，而与太阳相似。木星与太阳这两个天体的大气，都包含约90％的氢和约10％的氦，以及很少量的其他气体。

木星能否成为太阳

木星什么样

木星在太阳系的八大行星中体积和质量最大，它有着极其巨大的质量，是其他七大行星总和的2.5倍还多，是地球的318倍，体积则是地球的1321倍。

按照与太阳的距离由近到远排，木星位列第五。

同时，木星还是太阳系中自转最快的行星，所以木星并不是

正球形的，而是两极稍扁，赤道略鼓。

木星是天空中第四亮的星星，仅次于太阳、月球和金星。有的时候，木星会比火星稍暗，但有时却要比金星还要亮。木星主要由氢和氦组成，中心温度估计高达30500摄氏度。

木星难道仅仅是行星吗

20世纪80年代初，苏联科学家苏切科夫提出木星也许是颗正在发展中的恒星。他的主要观点是：木星内部在进行热核反应，它有自己的热核能源，应该归到"能自己发热、发光"的恒星类天体里去。

事情真是那样子吗？木星离太阳比地球远得多，它接受到的太阳辐射也少得多，表面温度理所当然要低得多。

根据计算得出的结果，木星表面温度应该是零下168度。可是，实际观测得出来的温度却是零下139度与计算值相差近30度。

"先驱者11号"于1974年12月飞掠木星时，测得的木星表面温度为零下148度，仍比理论值高出不少，说明木星有自己的内部热源。

对木星进行红外线测量也反映出类似情况，如果木星内部没有热源，它吸收到的热量和支出的应该达到平衡，地球和水星等类的行星的情况正是这样。

木星却不然，它是支出大于收入，约大1.5倍至2.0倍，这超支的能量从哪里来呢？

很明显，只能由它自己内部的热源予以补贴。

木星能否自己产生热能

木星是一颗以氢为主要成分的天体，这与我们的地球有很大的差异，而与太阳相似。

木星与太阳这两个天体的大气，都包含约90％的氢和约10％的氦，以及很少量的其他气体。

关于木星的内部结构，现在建立的模型认为它的表面并非固体状，整个行星处于流体状态。

木星的中心部分大概是个固体核，主要由铁和硅组成，那里的温度至少有30000摄氏度。

核的外面是两层氢，先是一层处于液态金属状态的氢，接着是一层处于液态分子状态的氢，这两层合称为"木星幔"。再往上，氢以气体状态成为大气的主要成分。

具有如此结构的天体，其中心能否发生热核反应而产生出所

需的能量来呢？

许多人认为是可疑的，甚至不可能的。况且木星的质量还没有达到太阳质量的1/1047。

比起太阳来，木星确实有点"小巫见大巫"。称"霸"其他行星的木星，体积只有太阳的1/1000，质量只及太阳的1/1047，即约0.001个太阳质量，而中心温度也只有太阳的1/500。

有人认为，这并不妨碍木星内部存在热源，因为它是在木星形成过程中产生并积累起来的。

苏联学者苏切科夫认为木星内部正进行着热核反应，核心的温度高得惊人，至少有28万摄氏度，而且还将变得越来越热，释放更多的能量。

释放的速度也将进一步加快。换句话说，木星在逐渐变热，最终会变成一颗名副其实的恒星。

我国学者刘金沂对行星亮度的研究，从另一个侧面提供了证据。他发现在过去很长的一段历史时期里，水星、金星、火星和土星的亮度都有减小的趋势，唯独木星的亮度在增大。

如果前述四行星的亮度减小与所谓的太阳正在收缩、亮度在减弱有关，那么，木星亮度增大的原因一定是在木星本身。

刘金沂得出的结论是：在最近2000年中，木星的亮度每千年增大约0.003等。这无疑是对苏切科夫等的观点提供了依据。

此外，太阳不仅每时每刻向外辐射出巨大的能量，同时也以太阳风等形式持续不断地向外抛射各种物质微粒。它们在行星际空间前进时，木星自然会俘获其中相当一部分。

这样的话，一方面木星的质量日积月累不断增加，逐渐接近和达到成为一颗恒星所必需的最低条件；另一方面，在截获来自太阳的各种粒子时，木星当然也就获得了它们所携带的能量。换言之，太阳以自己的日渐衰弱来促使木星日渐壮大，最后达到两者几乎并驾齐驱的程度，从而使木星成为恒星。

这样的过程大致需要30亿年的时间。那时，现在的太阳系可能将成为以太阳和木星为两主体的双星系统；也有可能木星在其"成长"的过程中，把一些小天体俘获过来，建立以自己为中心天体的另一个"太阳系"，与太阳为中心天体的太阳系，平起平坐。

不管是哪种形式的变化，目前太阳系的全部天体，包括大小行星乃至彗星等，都将有较大幅度的变动。

这种大变迁会带来什么后果呢

这种大变迁后地球和地球上的人类该怎么办呢？一种观点认为，事物发生变化那是必然的，至于是否像前面提到的那样，木星变成恒星那样的天体，这只是一家之见，何况还有30亿年的漫长岁月呢！

像木星内部结构之类的问题，本来就是一个争论颇多的领域，苏切科夫等人的观点只不过使得争论更加热烈而已。

在目前观测水平和理论水平不完善的情况下，像"木星是否正在向恒星方向演变"之类的重大自然科学之谜，不仅现在无法解答，即使是可以预见到的将来，恐怕也未必能理出个头绪。

它无疑将会在很长的一段历史时期里，一直成为科学家们孜孜不倦探讨的课题。

延 伸 阅 读

科学家根据"先驱者"10号和"先驱者"11号飞船探测的结果，认为木星是由液态氢所构成的，它同太阳一样，没有坚硬的外壳，它所释放的能量，主要是通过对流形式来实现的。

火星上适宜居住吗

发现火星上有水

人类若想在火星上居住同样不可避免地首先要有水的存在。美国航天局发布新闻说,火星上有水,由此这颗星球引起了人们极大的关注。

迈克士·马林博士和肯尼斯·埃吉特博士通知国家航空航天局,说他们从"火星地球勘探者"号航天器发回的照片上,发现了火星表面近期有水的证据。两位科学家就此写出了研究报告,在美国《科学》杂志上发表。

是否有生命存在

火星上曾有水的说法并不新鲜,但火星很可能现在就存

在着水，这可是绝对的新观点。科学家甚至推测，火星上现在可能就有生命存在。

以前，科学家们一般认为，火星地表特点是数十亿年前由水流冲刷而成。他们相信，火星曾经有过海洋、河流，而且有过一个温暖而深厚的大气层。

但随着时间的推移，火星的大气层由厚变薄并逐渐消失，气温因而变得格外的冷。由于大气层压力极低，液态水直接转变为水蒸气，火星上的水大部分以这种形式释放到了太空。马林和埃吉特对"火星地球勘探者"号近两年发回的照片进行比较和分析，终于大胆提出：火星上存在水的时间距离我们比较近，最多也就是几百万年前或几千年前的事，甚至可以说："火星现在就有水"。

火星上的水流迹象

根据研究，火星上面有许许多多的山沟、溪谷和扇形的三角洲，这些很可能是水从火山口的悬崖峭壁上急流而下造成的。马林指出，火星发回的照片显示，一条条山沟、溪谷历历在目，与地球上的水流特点毫无二致。

他们还发现照片上山沟、溪谷边的水印十分平滑，不像过去看到的火星照片上遍布火山口和到处是黑尘的样子，因而推断水流迹象是近期形成的，"这说明某些事情现在发生，或者说只过了一两年"，埃吉特说，"这些水流迹象十分年轻"。

人类居住火星的梦想

对于马林与埃吉特的最新发现，美国不少科学家认为是激动人心的，但同时也认为有待进一步证实。

康奈尔天文学家斯蒂文·斯奎尔教授说："两位科学家的新发现的确是令人兴奋的结果，但我们还得持现实的态度。"

美国航空航天局首席科学家艾德·威勒尔说，在人类登上火星

之前，国家航空航天局还需通过机器人对火星进行几十年的研究。该局计划每26个月进行一项火星探测任务，这些计划主要是为了侦察、寻找可供机器人着陆的可能之地，也许最后会送人上去。

许多专家认为，火星若真有水，人类"红色星球"居住的梦想在不远的将来就会成为现实。水可以分解为化学成分氢和氧，这就能供机器人作为燃料使用。从水中分离出的氧对人的用处就更大了，可以用来在未来人类"火星基地"内建立一个可供人呼吸的大气环境。为此，国际火星学会正在积极准备建立空间站，以便训练宇航员以及相关设施的制作，我们希望人类登上火星居住的梦想早日实现。

陨石上的生命

美国宇航局宣布，有关专家从一块来自火星且有40多亿年历

史的陨石上发现某些特殊有机物，并认为这些有机物与火星细菌活动有关。于是，该局正式提出36亿年前火星上曾存在像细菌之类的单细胞生命。

事实果真如此吗？相当一部分专家表示怀疑。有人首先对这块陨石来自火星的说法，表示不敢苟同。这块陨石于1984年在南极洲阿伦山被发现，编号为阿伦山84001。它与其他11块在印度肖戈蒂、埃及纳卡纳和法国查赛尼等地发现的陨石，均因结构与火星岩石类似而被认为来自火星。

细菌真的存在吗

对于陨石来自火星这一说法，东京大学物理学学部教授武田弘认为，20％左右的专家会有不同意见。难怪美国全国科学院行星研究专家阿伦斯强调，不能肯定阿伦山84001陨石来自火星，有必要从火星上直接取样。

即使这块陨石确实来自火星，目前也没有可靠的证据来证明陨石上的有机物质是火星细菌的杰作。除地球之外，茫茫宇宙间

还存在着其他有机物质。譬如，星际分子是宇宙间天然形成的化合物，目前已发现有几十种，其中绝大多数是有机分子。

20世纪80年代初，加拿大射电天文学家就发现狮子座CW星周围的尘埃气体中存在相当复杂的有机分子，即氰基癸五炔。因此，美国阿肯色大学的宇宙化学专家贝努瓦表示，火星曾有单细胞生命的观点不过是推断而已，远没有成为定论。

寻找外星生命

不管是推论还是定论，都再次激起了人们寻找外星人或外星生命的兴趣。美国宇航局官员则希望人们明白，没有证据表明火星上有高等生命。寻找外星人的好事者被泼了一头冷水，然而探索生命之源的专家兴趣不减。如果36亿年前火星曾有单细胞生命，人们离揭开生命之源的目标就近了一步。

36亿年前地球上已充满单细胞生命，但无生命物质如何形成单细胞生命至今仍是个谜。

美国科学家米勒曾于1952年在实验室导演了一幕生命起源的"历史剧"，似乎证实了原始大气可以在电闪雷击作用下合成有机物，进而产生蛋白质乃至生命。然而，以后的研究发现，米勒的历史剧与实际情况相距甚远。

孢子创造生命的假说

有些专家将目光转向著名瑞典化学家阿瑞尼乌斯的假说，希望从中得到灵感。1908年阿瑞尼乌斯在《塑造中的世界》一书中假设，一个带有厚厚保护壁的孢子从太空进入大气层，落到海洋中开始繁衍，最终创造出所有生命。

他的假说一度被认为是天方夜谭，如今通过计算机模拟证实完全有可能。火星曾有单细胞生命的观点给这一假说提供了有力

的佐证，足以使专家深入进行研究。

生命之源来自地球？来自火星？或其他星球？目前人们不得而知。美国宇航局的发现是一条有价值的线索，等待着专家顺藤摸瓜找到真相。

延 伸 阅 读

　　未来人类火星基地处在火星南极，占地面积20000亩。一个圆形透明的保护罩将整个基地包围，保护罩最高处为3600多米。基地中央是一座超过地平面2000米的高山，基地里所有居民全部居住在山腰处居民区里。山底为飞船登陆场，各个基地通过飞船互相来往。

火星的奥秘猜想

火星遭遇撞击

火星是个包含着许许多多奥秘的行星，火星的历史只是我们的猜测，火星在太阳系的意义至今尚未弄清。我们所能确定的一点，仅仅是火星上曾经有过雨水、河流、湖泊和海洋，而它现在却荒芜死寂了。

科学家们一致认为，火星是被小行星或夏天彗星引起的一次无

比巨大的碰撞杀死的这不是没有可能，因为火星那伤痕累累的表面上布满了几千个巨大的深坑，都在默默无言地为那次碰撞作证。

科学家认为，那次碰撞很可能也造成了一次灾难性的大洪水，然后完全夺去了火星以前的浓厚大气，从此，液态水便在火星上没有了踪迹。

物体撞击的结果

火星还处在黄金时代时就被突变了，这是一次什么性质的突变呢？在火星上，有3000多个直径大于3000米的深坑，其中埃拉斯、伊斯迪斯和阿吉尔深坑都是火星地貌里幽暗而隐伏的巨怪。

根据对地球深坑的研究，直径为10000米的物体撞击能够造成直径将近200千米的深坑。更精确的计算表明：埃拉斯深坑的撞击物的直径是100千米，伊斯迪斯深坑的撞击物的直径为50000米，而阿吉尔深坑的撞击物的直径则是36000米。

的确，一些比这小得多的物体曾经给地球造成过非常严重的损害。美国亚利桑那州著名的"巴林格深坑"，深180米，直径大于1000米，是一块直径不到50米的陨铁造成的结果。

　　1908年6月30日发生的所谓"通古斯大爆炸"，是一个直径70米、以每小时10万千米的速度运行的彗星碎块在俄罗斯上空的大爆炸造成的。据计算，那次大爆炸发生在西伯利亚平原上空大约6000米处，夷平了2000多平方千米的森林，把1000平方千米的中心区域完全化为焦土，连距离爆炸中心500千米之外的人身上的衣服也被点燃。

　　通古斯大爆炸引起的大地震，远在4000多千米处还可以被检测到。它把大量的尘埃掷入大气层，遮蔽了太阳，竟使以后数年的地球表面气温显著下降。造成通古斯大爆炸的物体，其直径为70米，幸好它先在一个没有人烟的地区上空爆炸，然后才和地球相撞。

历史的回眸

毁灭火星的那场大灾变可能发生在非常近的年代，也许就发生在不到20000年以前。这个见解是天文学上的一个"异端邪说"，引起了强烈反响。

历史已经表明：恰恰就在那个时期，地球上也发生过一次非常巨大的突变。正是在那个时候，地球的冰河期突然灾难性地中断了。

没有一位科学家解释过，那次翻天覆地的灾变是如何发生的或者为什么发生。火星一直拥有强大的磁场和类似于地球的大气层，它们使海洋、湖泊及河流得以形成。我们知道，火星上以前一直有频繁而丰沛的降雨，现在依然有数量极大的水被封闭在极地和地表以下的冰层里。

目前，我们已经发现了火星上有机生命活动的许多令人向往的暗示和迹象。

火星毁灭猜想

火星曾在大约4000万年前因全球暖化而导致毁灭，当时只有200万人幸存下来。

目前的火星人生活在地下，大约有580万人。他们仍然保存着当时火星毁灭的历史，生活非常节俭、重复使用资源、灵性很高。当时，在毁灭发生的时候，人和动物主要死于3种毒气的窒息：硫化氢、氧化亚氮和甲烷。气候的暖化是由牲畜释放的甲烷等温室气体所导致，并最终使海洋和永冻层等进一步释放更多的温室气体，与当今地球的情况类似。灾难发生的时候，人和动物经过4天的时间才慢慢窒息而死，只有0.2%的人幸存下来进入地下坑道，住在地下河流的旁边。在灾难发生之前的5年，可预知未来的智者曾警告过火星人，但火星人没有听从警告。

灾难在最后两个月突然发生，让火星人没有时间准备，没有人能帮助其他人。就这样，在两个月之内，90%的火星人先死了；几个月之后，又有另外5%的人死了；再过几个月之后，又有另外3.8%的人死了，最后只剩0.2%的人存活下来，这些人全是素食者或纯素食者。

延 伸 阅 读

"通古斯大爆炸"是1908年6月30日上午7时17分发生在俄罗斯西伯利亚埃文基自治区的大爆炸。当时估计爆炸威力相当于150万吨TNT炸药，超过2150平方千米内的6000万棵树焚毁倒下。通古斯爆炸事件距今已届满一世纪，但人类仍没揭开它的谜底。

土星上的生命探测

土星探测的意义

土星的质量和体积仅次于木星，它距地球约12.7亿千米，体积是地球的120多倍，质量是地球的95.2倍，它绚丽多姿的光环令无数人倾倒。

　　20世纪60年代以前，人们一直认为土星有5道光环顿号10颗卫星，其中土卫六和地球一样也有大气。科学家认为，探测土星及土卫六对于了解和认识太阳系的形成和演变历史具有重要意义。

土星探测器的成果

　　迄今只有美国宇航局于20世纪70年代先后发射的"先驱者"11号探测器、"旅行者"1号和"旅行者"2号3个探测器飞临土星进行过探测土星的活动。

1979年9月1日，"先驱者"11号经过6年半的太空旅程，成为第一个造访土星的探测器。它在距土星云顶20000千米的上空飞越，对土星进行了10天的探测，发回第一批土星照片。"先驱者"11号不仅发现了两条新的土星光环和土星的第十一颗卫星，而且证实土星的磁场比地球磁场强600倍。9月2日它第二次穿过土星环平面，并利用土星的引力作用拐向土卫六，从而探测了这颗可能孕育有生命的星球。

　　1980年11月，"旅行者"1号从距土星12000千米的地方飞过，一共发回10000余幅彩色照片。这次探测不仅证实了土卫十、十一、十二的存在，而且又发现了3颗新的小卫星。

当它在距离土卫六不到5000千米的地方飞过时，首次探测分析了这颗土星的最大卫星的大气，发现土卫六的大气中既没有充足的水蒸汽，其表面也没有足够数量的液态水。

1981年8月，"旅行者"2号从距离土星云顶10000千米的高空飞越，传回近20000幅土星照片。探测发现，土星表面寒冷多风，北半球高纬度地带有强大而稳定的风暴，甚至比木星上的风暴更猛。

土星也有一个大红斑，长8000千米，宽6000千米，可能是由于土星大气中上升气流重新落入云层时引起扰动和旋转而形成的。土星光环中不时也有闪电穿过，其威力超过地球上闪电的几万倍乃至几十万倍。

土星环的构成

土星环是由直径为几厘米到几米的粒子和砾石组成，内环的粒子较小，外环的粒子较大，因粒子密度不同使光环呈现不同颜色。每一条环可细分成上千条大大小小的环，即使被认为空无一物的卡西尼缝也存在几条小环，在高分辨率的照片中，可以见到土星环有5条小环相互缠绕在一起。土星环的整体形状类似一个巨大的密纹唱片，从土星的云顶一直延伸到32万千米远的地方。

土星的新卫星

"旅行者"2号发现了土星的13颗新卫星，这样就使土星的卫星增至23颗。它还考察了其中的9颗卫星，发现土卫三表面有一座大的环形山，直径为400千米，底部向上隆起而呈圆顶状，还有

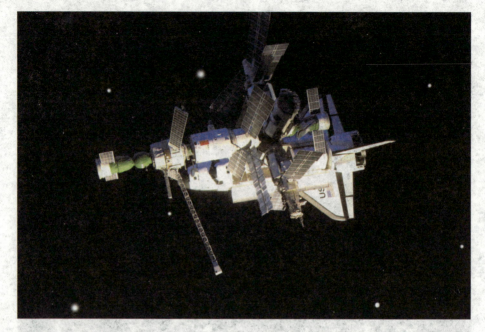

一条巨大的裂缝，环绕这颗卫星几乎达3/4周；土卫八的一个半球为暗黑，另一个半球则十分明亮；土卫九的自转周期只有9至10小时，与它的公转周期550天相去甚远；土卫六的实际直径为4828千米，而不是原来认为的5800千米，是太阳系行星中的第二大卫星，它有黑暗寒冷的表面、液氮的海洋和暗红的天空，偶尔洒下几点夹杂着碳氢化合物的氮雨等，这是人类了解生命起源和各种化学反应的理想之处。

"卡西尼"号土星探测器

为了进一步探测土星和揭开土卫六的生命之谜，美国与欧空局联合研制了价值连城的"卡西尼"号土星探测器。

1997年10月15日，随着一声轰天巨响，20世纪规模最大、最复杂的行星探测器"卡西尼"号携带探测器"惠更斯"号从美国肯尼迪航天中心发射成功，从此踏上耗时7年、路程长达35亿千米的土星之旅。

"卡西尼"号飞船上载有12台科学探测仪器，子探测器"惠更斯"号携带有6台科学仪器，它的主要任务是对土星、土星光环及土星的卫星，尤其是其中的土卫六进行空间探测。

经过了将近7年孤独寂寞的长途奔波后，"卡西尼"号终于在2004年7月1日顺利进入土星轨道，成为首个绕土星飞行的人造飞船。此后，"卡西尼"号将对土星的大气、光环及其卫星进行为期4年的科学研究。

"卡西尼"号的功绩

在探测期间，"卡西尼"号探测器不但为我们拍摄了许多土星极其美丽光环的照片，通过飞行中与许多颗土星的卫星擦肩，还向我们展示了土星卫星绝不亚于日本"隼鸟"号探测器曾探测的系川

小行星的奇特风貌。关于"卡西尼"土星探测器的探测，最值得一提的便是2005年1月它在土卫六"泰坦"星表面的着陆。

"泰坦"星有很厚的大气层，但通过观测发现它被大气覆盖的表面似乎有河流及湖泊存在。

由于"泰坦"星的表面温度为零下180摄氏度，因此在这颗卫星上肯定不会存在液态水。

如果在这样的温度环境下存在液体的话，则应该是甲烷或乙烷。难道在"泰坦"星上会有甲烷或乙烷降雨并形成河流及湖泊吗？虽然这个谜团尚未解开，但可以确定的是"泰坦"星和地球的环境完全不同。

　　2004年11月，"惠更斯"号着陆器脱离"卡西尼"号探测器飞向土卫六，穿过其云层，在土卫六上软着陆，然后将探测到的数据通过环土星飞行的卡西尼号轨道器传回地球。

　　"卡西尼"号进入土星轨道后的任务是：环绕土星飞行74圈，就地考察土星大气、大气环流动态，并多次飞临土星的多颗卫星，其中飞掠土卫六近旁45次，用雷达透过其云气层绘制土卫六表面结构图，预计可发回近距离探测土星、土星环和土卫家族的图像50万幅。

　　"惠更斯"号将成为第一个在一颗大行星的卫星上着陆的探测器。它将在2.5小时的降落过程中，用所带仪器分析土卫六的大气成分，测量风速和探测大气层内的悬浮粒子，并在着陆后维持工作状态1小时，揭示土卫六上是否有水冰冻结的海洋和是否存

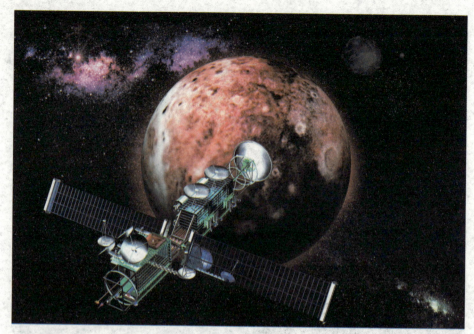

在某种形态的生命，它所收集到的数据和拍摄的图像通过卡西尼号探测器传回地球。总之，土星及其卫星是否有生命的痕迹，还需要经过科学探测后，用获得的第一手证据说话。

延 伸 阅 读

　　波兰天主教会为了维护"造物主创造宇宙说"，把月球说成光滑：浑圆的完美球体。而哥白尼通过观察发现月球表面凹凸不平，而且有很多阴影。这一科学发现了遭到教会的抨击。

天王星上的季节变化

对天王星的气候观测

天王星上的季节变化至21世纪初还没有完整的资料，因为人们对天王星大气层的观察还不到84年，也就是一个完整的天王星年。但已经有了一些资料，从20世纪50年代起算，光度学的观测已经累积半个天王星年，在两个光谱带上的光度变化已经呈现了规律性的变化，最大值出现在至点，最小值出现在昼夜平分点。

在2004年秋天的短暂时期，天王星上出现了与海王星相似的一大片云块，观察到229米/秒（824千米/小时）的破纪录风速，

和被称为"7月4日烟火"的大风暴。

在2006年8月23日，太空科学学院的研究员和威斯康辛大学的科学家观察到天王星表面有一个大黑斑，让天文学家对天王星大气层的活动有了更多的了解。虽然还不是完全了解为什么会突然发生活动的高潮，但是它体现了天王星极度倾斜的自转轴所带来的季节性的气候变化情况。

对天王星的季节分析

从1960年开始的微波观测，深入到天王星对流层的内部，也得到相似的周期变化，最大值也在至点。

从20世纪年代开始对平流层进行的温度测量也显示最大值出现在1986年的至日附近。多数的变化相信与可观察到的几何变化相关，天王星是一个扁圆球体，使得从地理上的极点方向可以看见的区域变得较大，这就是在至日的时候亮度较大的原因。

天王星的反照率在子午圈的附近也比较强。例如，天王星南半球的极区比赤道地带明亮。另一方面，微波的光谱观测数据，也证明两极地区比较明亮，同时也知道平流层在极区的温度比赤

道地带低。

所以，天王星上季节性的变化可能是这样发生的：极区，在可见光和微波的光谱下都是明亮的，而在至点接近时看起来更加明亮；黑暗的赤道区，主要是在昼夜平分点附近的时期，看起来更为黑暗。

另外，对至点的掩星观测结果显示赤道的平流层温度较高。有相同的理由相信天王星物理性的季节变化也在发生。

当南极区域变得明亮时，北极相对地呈现黑暗，这与上述概要性的季节变化模型是不符合的。

在1944年抵达北半球的至点之前，天王星出现升高的亮度，显示北极不是永远黑暗的。

这个现象暗示可以看见的极区在至日之前开始变亮，并且在昼夜平分点之后开始变暗。显示亮度的变化周期在至点的附近不是完全对称，这也显示出在子午圈上反照率变化的模式。

另外，一些微波的数据也显示在1986年至日之后，极区和赤道的对比增强了。

对天王星的季节研究

在20世纪90年代，在天王星离开至点的时期，哈勃太空望远镜和地基的望远镜显示南极冠出现可以察觉的变暗，同时，北半

球的活动也证实是增强了，例如云彩的形成和更强的风，支持期望的亮度增加应该很快就会开始。异常的极和南半球明亮的"衣领"，被期望在行星的北半球出现。

物理变化的机制还不是很清楚，在接近夏天和冬天的至点，天王星的一个半球沐浴在阳光之下，另一个半球则对向幽暗的深空。照亮半球的阳光，被认为会造成对流层局部的增厚，结果是形成数层的甲烷云和阴霾。

在纬度45度的明亮"衣领"也与甲烷云有所关联。在南半球极区的其他变化，也可以用低层云的变化来解释。

来自天王星微波发射谱线上的变化，或许是在对流层深处的循环变化造成的，因为厚实的极区云彩和阴霾可能会阻碍对流。

延 伸 阅 读

天王星有个复杂的行星环系统，它是太阳系中继土星环之后发现的第二个环系统。该环由大小毫米到几天王星的环。最外层是明亮的ε环，还可以看见另外的8个环米的极端黑暗粒状物质组成。所有天王星行星环除两个以外皆极度狭窄，通常只有几千米宽。

寻找天王星上的水

揭开天王星的面纱

在美国天文学家观测天王星时，发现天王星周围有一个强大的磁场以及若干围绕它运行的月亮。

美国的"旅行者1号"无人驾驶太空船在离地球29亿千米的太

空发回了大批照片，初步揭开了这个星球的神秘面貌。最初的一些照片发现天王星最少有14个月亮，直径从32千米至1609千米都有，这些月亮表面满是坑和浮水。

天王星表面上的云状物原来是永不静止的蓝绿色大海，急速流动的氦和氢造成了强风，吹过结冰的海洋。磁场的发现证明天王星有一个炽热的轴心，并产生强大的电能，造成类似地球的极光。

科学的继续探索

天王星是太阳的第七颗行星，1781年才被天文学家发现，但在"旅行者"1号发回照片前，科学家对这个遥远的行星所知非常有限。在这里，阳光要比地球弱350倍，气温大约是零下360

度。以地球时间计算，天王星环绕太阳一圈要84年。

"旅行者"2号和"旅行者"1号是1977年一起升空的，已经到过木星和土星。后来1号太空船离开太阳系，2号继续飞去天王星，1987年1月24日最接近这个行星，大约离表面不足274万千米。

天王星上有生命存在吗

现在已知天王星上有水、碳氢化合物和有机气体。一般人最感兴趣的是这个星球有没有生物呢，因为地球开天辟地的时候，也是先有这三种东西。1979年，"旅行者"发现木星也有月亮。

1981年，又在土星的月亮上发现了类似地球大气层的有机物，天文物理学家说在这种情况下，有原始生物是有可能的。令科学家们兴奋的是：木星、土星和天王星都是灰云和

冰组成的光环，这就是说，在这些行星上可能存在着水，存在着生命。

科学家认为，如果能够研究出这些光环的来历，也可以研究出我们居住的地球的来历。科学家最少还要用几年时间，才能分析和研究完"旅行者"2号在6个小时内所拍回的照片，到时可能会有惊人的发现。

延 伸 阅 读

天王星的标准模型结构包括三个层面：在中心是岩石的核，中间是冰的地幔，最外面是氢—氦组成的外壳。天王星和海王星的大块结构与木星和土星不同，冰的成分超越气体，因此，有理由将它们分开，另成一类，称为"冰巨星"。

海王星上有火山吗

海王星的英姿

在海王星被发现后的143年中，尽管天文学家们采用了高倍率望远镜，仍无法对它进行深入了解。

1989年8月，宇宙飞船"旅行者"2号从距离海王星云端4800千米的地方飞过，一下子改变了这种状况。通过"旅行者"2号从44.8亿千米的远方发回的照片，人们终于看清了海王星的英姿。

从此，人们才知道海王星并不是太阳系里的一颗死星，上面经常有风暴活动。它有3个光环，这也是卫星与小行星碰撞的古老遗迹。它有8颗卫星，其中一颗此刻正从冰火山中喷出液态氮的泡沫。

海王星的发现

其实，在很久以前两位数学家用纸和铅笔就"发现"了海王星。根据天王星的奇异轨道，亚当斯和勒威耶各自预测存在着一个新行星。他们计算出，在更远的地方有一个大的重力源作用于天王星，使它的速度时快时慢，就如被钓上来的鱼在线上蹦跳一样。但天文学家都不相信这两位数学家的发现，因此也没去寻找这个新行星。

1846年，勒威耶把他的图纸寄给了一位名叫伽雷的年轻的德国天文学家。就在那天晚上，伽雷在夜空中观测到了这颗蓝色的行星。

巨大的风暴

1989年8月，"旅行者"2号从海王星旁边飞过。在这之前的几个月，"旅行者"2号的照相机已经拍摄到海王星的详细情况这些从地球上是无法看到的。海王星上有一个巨大的鹅卵形风暴，直径大约1.28万千米，看上去犹如海王星向外注视着的一只大眼睛，科学家们称之为"大黑斑"。在这个风暴的眼里，直径640千米的"雨果"号飓风只是一个斑点而已。

不过，这种风暴并不是海王星独有的。"旅行者"2号发现，木星和土星上的风暴更大而且更为强烈。这种风暴天气使科学家们感到兴奋，这使他们了解到这些行星在气象方面是活跃的。

海王星卫星

让科学家感到欣慰的是，"旅行者"2号共发现了6颗海王星的新卫星照片，使海王星的卫星总数增加到8颗。海卫一是海王星最大的一颗卫星，也是"旅行者"2号照相机拍摄的主要目标。

从科学家们观测到的情况来看，海卫一曾经是一颗行星。这种说法的主要证据是，海卫一是唯一一颗沿着与其母行星运行方向相反的轨道运行的大卫星。在整个太阳系里没有一颗大卫星这样逆行。

海卫一上的冰火山

海卫一上陨石坑也特别少，表明海卫一地质活跃。由冰覆盖的表面部分溶解后又重新冻结，将一些最大最老的陨石坑都覆盖

了。从"旅行者"2号发回的照片中，可以看出海卫一上有活的冰火山。

但这些冰火山不像地球上的火山那样喷出炽热的岩浆，而是喷出液态氮。当液态氮到达极其寒冷的表面时，马上被冻结成冰晶射流，高达8000米。

这股射流遇到海卫一大气的微风后，就形成风吹的条纹，落回到海卫一的表面——所有的这些都只是猜测，它是否正确，最终只有靠人类的科学研究去下定论。

海王星大黑斑

"旅行者"2号探测海王星期间，海王星上最明显的特征就属位于南半球的大黑斑。在海王星表面南纬22度，有类似木星大红斑及土星大白斑的蛋型旋涡，以大约16天的周期以逆时针方向旋转，称为"大黑斑"。

由于大黑斑附近吹着速度达每秒300米的强烈西风，大黑斑每18.3小时左右绕行海王星一圈，比海王星的自转周期还要长。"旅行者"2号还在海王星南半球发现一个较小的黑斑和一个以大约16小时环绕行星一周的速度飞驶的不规则的小团白色烟雾。它或许是一团从大气层低处上升的羽状物，但它真正的本质还是一个谜。

然而，1994年哈勃望远镜对海王星的观察显示出大黑斑竟然消失了！它或许就这么消散了，或许暂时被大气层的其他部分所掩盖。

几个月后哈勃望远镜在海王星的北半球发现了一个新的黑斑。这表明海王星的大气层变化频繁，这也许是因为云的顶部和底部温度差异的细微变化所引起的。

延 伸 阅 读

海卫一的赤道附近有一个由冰覆盖着的蓝色地带，这个地带是由冰冻的甲烷气体构成的。这使海卫一成为太阳系中唯一一颗真正的"蓝色卫星"。

海王星有哪些秘密

海王星的结构

海王星外观为蓝色，原因是其大气层中含有甲烷。海王星大气层85%是氢气，13%是氦气，2%是甲烷，除此之外还有少量氨气。

海王星可能有一个固态的核，其表面可能覆盖有一层冰。外面的大气层可能分层。海王星表面温度为零下218摄氏度，表面

风速可达每小时2000千米。此外，海王星有磁场和极光，还有因甲烷受太阳照射而产生的烟雾。

海王星的赤道半径为24750千米，是地球赤道半径的3.88倍，海王星呈扁球形，它的体积是地球体积的57倍，质量是地球质量的17.22倍，平均密度为每立方厘米1.66克。海王星在太阳系中，仅比木星和土星小，是太阳系的第三大行星。

因为其质量较典型类木行星小，而且密度、组成成分、内部结构也与类木行星有显著差别，海王星和天王星一起常常被归为类木行星的一个子类：远日行星。

在寻找太阳系外行星领域，海王星被用作一个通用代号，指所发现的有着类似海王星质量的系外行星，就如同天文学家们常常说的那些系外"木星"。

海王星大气的主要成分是氢和较小比例的氦，此外还含有恒量的甲烷。甲烷分子光谱的主吸收带位于可见光谱红色端的600纳米波长，大气中甲烷对红色端光的吸收使得海王星呈现蓝色色调。因为轨道距离太阳很远，海王星从太阳得到的热量很少，所以海王星大气层顶端温度只有零下218摄氏度。由大气层顶端向内温度稳步上升。和天王星类似，星球内部热量的来源仍然是未知的，而结果却是显著的。

作为太阳系最外部的行星，海王星内部能量却大到维持了太

阳系所有行星系统中已知的最高速风暴。对其内部热源有几种解释，包括行星内核的放射热源，行星生成时吸积盘塌缩能量的散热，还有重力波对平流圈界面的扰动。

海王星的行星环

这颗蓝色行星有着暗淡的天蓝色圆环，但与土星比起来相去甚远。当这些环由以爱德华为首的团队发现时，曾被认为也许是不完整的。然而，"旅行者"2号的发现表明并非如此。

这些行星环有一个特别的"堆状"结构，其起因目前不明，但也许可以归结于附近轨道上的小卫星之间的引力作用。认为海王星环不完整的证据首次出现在20世纪80年代中期，当时观测到海王星在掩星前后出现了偶尔的额外"闪光"。

"旅行者" 2号在1989年拍摄的图像发现了这个包含几个微弱圆环的行星环系统，从而解决了这个问题。最外层的亚当斯圆环，包含三段显著的弧，现在名为"自由、平等、博爱"。

　　弧的存在非常难于理解，因为运动定律预示弧应在不长的时间内变成分布一致的圆环。目前认为环内侧的卫星海卫六的引力作用束缚了弧的运动。

　　"旅行者"的照相机还发现了其他几个环。除了狭窄的、距海王星中心63000千米的亚当斯环之外，勒维耶环距中心53000千米，更宽、更暗的伽雷环距中心42000千米。勒维耶环外侧的暗淡圆环被命名为拉塞尔；再往外是距中心57000千米的Arago环。

　　2005年新发表的在地球上观察的结果表明，海王星的环比原先以为的更不稳定。凯克天文台在2002年和2003年拍摄的图像显示，与"旅行者"2号拍摄时相比，海王星环发生了显著的退化。有的环也许在一个世纪左右就会消失。

延　伸　阅　读

　　海王星是环绕太阳运行的第八颗行星，它的质量大约是地球的17倍，而类似双胞胎的天王星因密度较低，质量大约是地球的14倍。该星的名称源自于希腊神话中的尼普顿，因为尼普顿是海神，所以中文译为海王星。

太阳系的矮星

矮星分类

矮星是指像太阳一样的小主序星，如果是白矮星，就是像太阳一样的一颗恒星的遗核，而褐矮星则没有足够的物质进行熔化反应。

　　黑矮星是类似太阳大小的白矮星继续演变的产物，其表面温度下降，停止发光发热。原指本身光度较弱的星，现专指恒星光谱分类中光度级为V的星，即等同于主序星。光谱型为O、B、A的矮星称为蓝矮星，如织女星、天狼星，光谱型为F、G的矮星称为黄矮星(如太阳)，光谱型为K及更晚的矮星称为红矮星，如南门二乙星。

黑矮星

　　由于一颗恒星形成至演变为黑矮星的生命周期比宇宙的年龄还要长，因此现时的宇宙并没有任何黑矮星。

　　假如现时的宇宙有黑矮星存在的话，侦测它们的难度也极高。因为它们已停止放出辐射，即使有也是极微量，并且多被宇宙微波背景辐射所遮盖，因此侦测的方法只有使用重力侦测，但此方法对于质量较小的星效用不大。

黑矮星则是理论上估计存在的天体，指质量大致为一个太阳质量或更小的恒星最终演化而成的天体，它处于冷简并态，不再发出辐射能；也有人专指质量不够大，即小于约0.08太阳质量，已没有核反应能源的星体。

白矮星

白矮星是一种低光度、高密度、高温度的恒星。因为它的颜色呈白色、体积比较矮小，因此被命名为白矮星。白矮星属于演化到晚年期的恒星。恒星在演化后期，抛射出大量的物质，经过大量的质量损失后，如果剩下的核的质量小于1.44个太阳质量，这颗恒星便可能演化成为白矮星。

对白矮星的形成也有人认为，白矮星的前身可能是行星状星云，是宇宙中由高温气体、少量尘埃等组成的环状或圆盘状的物质，它的中心通常都有一个温度很高的恒星，就是中心星的中心星，它的核能源已经基本耗尽，整个星体开始慢慢冷却、晶化，直至最后"死亡"。

红矮星

根据赫罗图，红矮星在众多处于主序阶段的恒星当中，其大小及温度均相对较小和低，在光谱分类方面属于K或M型。它们在恒星中的数量较多，大多数红矮星的直径及质量均低于太阳的1/3，表面温度也低于3500K，释出的光也比太阳弱得多，有时更可低于太阳光度的

1/10000。

又由于内部的氢元素核聚变的速度缓慢，因此它们也拥有较长的寿命。

红矮星的内部引力根本不足把氦元素聚合，因此红矮星不可能膨胀成红巨星，而是逐步收缩，直至氢气耗尽。

因为一颗红矮星的寿命可长达数百亿年，比宇宙的年龄还长，因此现时并没有任何垂死的红矮星。

人们可凭着红矮星的悠长寿命，来推测一个星团的大约年龄。因为同一个星团内的恒星，其形成的时间均差不多，一个较

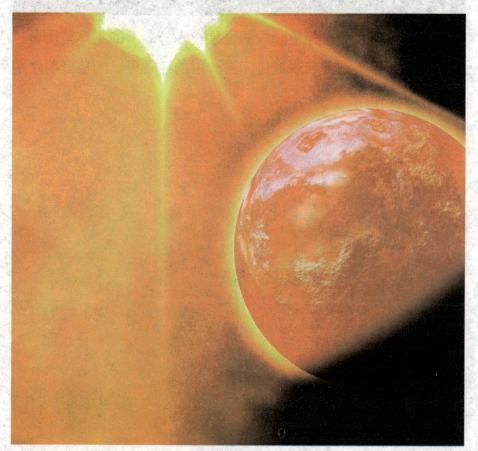

年老的星团，脱离主序星阶段的恒星较多，剩下的主序星质量也较低，人们找不到任何脱离主序星阶段的红矮星，间接证明了宇宙年龄的存在。

延 伸 阅 读

　　棕矮星和褐矮星是同一类天体的不同称呼，一般认同较多的是褐矮星这种叫法。棕矮星的理论最初于20世纪60年代早期提出，其数量可能比恒星多，由于能发光，要寻找也颇为困难。它们会释出红外线，可凭地面的红外线侦测器来侦测，但由提出至证实发现足足用了数十年。

原星系与矮星系之争

原星系的形成

在宇宙诞生后的第一秒钟，随着宇宙的持续膨胀冷却，在能量较为"稠密"的区域，大量质子、中子和电子从背景能量中凝聚出来。100秒后质子和中子开始结合成氦原子核。在不到两分钟的时间内，构成自然界的所有原子的成分就都产生出来了。

大约再经过30万年，宇宙就已冷却为氢原子核和氦原子核，足以俘获电子而形成原子了。这些原子在引力作用下缓慢地聚集成巨大的纤维状的云，不久，星系就在其中形成了。

大爆炸发生过后10亿年，氢云和氦云开始在引力作用下集结成团。随着云团的成长，初生的星系即原星系开始形成。那时的宇宙较小，各个原星系之间靠得比较近，因此相互作用很强。于是，在较稀薄较大的云中凝聚出一些较小的云，而其余部分则被邻近的云所吞并。

意外发现云团

1989年夏天，阿雷西博射电天文台的一位负责人在位于室女星座 η 星东北1.5度的地方，意外发现了一团椭圆形的星际氢云。天文学家海因斯从1976年以来，就开始系统收集天空中的这类星云，当他得知这片星云被发现后，便同发现者共同合作，对这块云团进行了深入的观测。

通过连续观测，他们得出了一致的结果：这块云团距离地球6500万光年，直径大约65万光年，比银河系大6倍以上，相当于太阳质量的210亿倍，他们认为，这块云团属于"原星系"，是一个演化很慢的星系。

矮星系的假说

英国剑桥大学天文研究所的科学家麦克马洪和伊尔文通过对这块云团的观测，发现在云团内一些不太亮的物质中隐藏着许多蓝色区域，这些蓝区发射的光是由电离氧和电离氢形成的，也就是说，该星系含有由坍缩星际气体形成的新生恒星区域，说明这是一个已经成熟了的星系，应属于正常的矮星系。

但是，星云的发现者焦凡尼里则认为，麦克马洪和伊尔文观测到的星光，可能和他们看到的不一样，剑桥小组看到的大概是

来自云团之前或以后的天体。美国加州工学院的迪奥戈维斯盖用2.5米望远镜摄得云团的光谱，光谱中有氢和二次电离氧的发射线，他认为这个云团是一种年轻的星爆矮星系，其中有氧的成分，说明它不是大爆炸留下来的原始物质。如果这个说法成立，将是对大爆炸宇宙学说的挑战。

延 伸 阅 读

　　矮星系是光度最弱的一类星系，有的矮星系是椭圆星系，也有的是I型不规则星系。天文学家称也许宇宙中最先形成的就是矮星系，而且是矮星系构成了大的星系。迄今为止，矮星系是宇宙中最多的星系，天体也是宇宙中最多的，是它们组成了最基本的宇宙。

冥王星行星资格的争议

冥王星是行星吗

美国罗斯地球及太空中心的科学家提出新理论，认为太阳系中离太阳最远的冥王星其实不是行星，而只是一块巨大的冰，应将其"除名"。

据这个隶属纽约美国自然历史博物馆的机构称，在海王星外是一条由冰雪形成的管星带，这其中就包括冥王星。不过大部分天文学家认为，除非有确实证据，否则冥王星将仍被视为太阳系第九大行星。

行星资格的争论

自从70多年前被发现的那天起，冥王星便与"争议"二字联系在了一起，一是由于其发现的过程是基于一个错误的理论；二是由于当初将其质量估算错了，误将其纳入到了大行星的行列。

1930年美国天文学家汤博发现冥王星，当时错估了冥王星的质量，以为冥王星比地球还大，所以命名为大行星。

然而，经过近30年的进一步观测，天文学家发现它的直径只有2300千米，比月球还要小，等到冥王星的大小被确认，"冥王星是大行星"早已被写入教科书，以后也就将错就错了。冥王星的质量远比其他行星小，甚至在卫星世界中也只能排在第七、八位左右。

新世纪的发现

进入21世纪，天文望远镜技术的改进，使人们能够进一步对海王星外天体有更深的了解。2002年，被命名为50000 Quaoar，即夸欧尔的小行星被发现，这个新发现的小行星的直径（1280千米）要长于冥王星的直径的一半。

2005年7月9日，又一颗新发现的海王星外天体被宣布正式命

名为厄里斯。根据厄里斯的亮度和反照率推断，它要比冥王星略大。这是1846年发现海王星之后太阳系中所发现的最大天体。它的发现者和众多媒体起初都将之称为"第十大行星"。也有天文学家认为厄里斯的发现为重新考虑冥王星的行星地位提供了有力佐证。

冥王星真的能除名吗

冥王星一直都跟其他八大行星有所区别，它较像管星，其公转轨道比其他行星多倾斜了17度。在1930年刚发现它时，科学家认为它的体积一如地球，但现在发现它的直径只有2273千米，比月球还小。

1992年，天文学家在海王星外发现由数以百计的冰和石组成的彗星，将之称为凯珀带，其中约有70颗分星与冥王星的公转轨道相近。

罗斯中心称，由于对行星没有一致的诠释，故应把太阳系分为太阳与五类物体：像金星、水星、地球和火星这种由高密度石质形成的细小行星；在火星与木星之间由碎石和铁形成的小行星带；巨大的气体星球如土星、木星、天王星、海王星；奥尔特星云和凯珀带。至于冥王星，罗斯中心则认为它应是凯珀带的一分子。

该中心说，过去也有行星被"废"的先例，如 1801年被称为行星的谷神星，后来就被重划为小行星，因为它的宽度只有933

千米。

反对"废"掉冥王星的天文学家说，谷神星的行星地位只享用了一年，冥王星却享用70多年，况且"废"谷神星是获天文学界一致同意的。

延 伸 阅 读

冥王星被视为是太阳系的"矮行星"，不再被视为大行星。太阳系中有7颗卫星比冥王星大。

罗马神话中，冥王星是冥界的首领。这颗行星得到这个名字，是由于它离太阳太远，以至于一直沉默在无尽的黑暗之中，与人们想象的冥境相似。

彗星是从哪里来的

彗星的周期性

彗星是宇宙天体中一种流浪的天体，它不是经常能被我们所见到的天体。彗星的出现有一定的周期性。彗星分两种：周期彗星和非周期彗星，不同周期彗星的周期不定，有的几年回归一次，有的几十年回归一次，有的上百年和上千年回归一次，有些非周期彗星是永不回归。

周期彗星运行轨迹大部分是椭圆形和抛物线状；但非周期彗星轨迹是开放型双曲线，这种运行轨道是受天体间万有引力作用造成的。在行星的摄动下，一切的周期彗星都可能

变为非周期彗星，反之，有的非周期彗星也可变为周期彗星。

彗星的命运

假如彗星的寿命那样短暂是事实，而且四分五裂是它们的命运，最后形成大量的宇宙尘埃，其结局就是消亡，那么为何直至今日还有那么多的彗星遨游于天际呢？为何在太阳系形成至今的亿万年间的漫长岁月里，彗星仍没有消失完呢？

上述问题的解释只可能有两种：一种，彗星形成与它消亡的速度是等同的；另一种，宇宙中的彗星无可计数，所以在46亿年后的今天仍未消失完。但是第一种成立的可能性并不大，因为天文学家们直至现在也没有发现彗星仍在形成的证据。

彗星的由来

彗星给我们带来了许多的疑团，但它究竟从何而来呢？

有一种假说是荷兰天文学家奥乐特提出来的。他推测在离太阳系很远很远的边缘区，有一个彗星冷藏库，也就是彗星云。其中聚集着大量的彗核，估计彗星是从这里来的。

据估计，彗星云大约位于离太阳10万亿千米处。在那里，大约有10000亿颗彗星。

在众多的彗星中，由于受某种力的影响，有少数彗星就能从太阳系边缘跑到太阳系里面，成为我们看得到的彗星。

另一种假说则认

为，彗星本不是太阳系的成员，它们来自恒星际空间，在那里，有许多尘埃和气体混合的星云，由于引力不稳定，它们被分解为许多小气体尘埃团，凝结而成小晶粒，这些小晶粒聚合成彗核。

太阳在银河系里运行时，把这些小晶粒吸引到自己的周围，变成了彗星。

也有的科学家说，彗星来自太阳系内，是天王星和海王星未能吸住的小星子，在大行星的引力下，小星子跑到了太阳系的边缘，形成了一种彗星云。关于彗星的身世，至今还是个谜。总而言之，有关彗星之谜还有待于科学家进一步去探索。

延 伸 阅 读

《天文略论》写道：彗星为怪异之星，有首有尾，俗像其形而名之曰"扫把星"。《春秋》记载，公元前613年，"有星孛入于北斗"，这是世界上公认的首次关于哈雷彗星的确切记录，比欧洲早600多年。

瘟疫来自于彗星吗

是彗星带来的瘟疫吗

有人猜测，某一年感染伤风和流行性感冒，很可能不是受人传染的，而是从彗星传入的。连致命的疾病，如中世纪蹂躏欧洲的黑死病，也可能源于彗星。

差不多每当彗星飞临地球后，地球上就会产生一种新的流行病而且这种流行病几乎都是首先发生在一个有限地区内，然后逐渐向其他地区流传，继而危害整个人类。

各国发生的奇怪事件

1664年，人们观察到一颗彗星，那一年英国伦敦流行鼠疫，

短短数个月内，竟有几十万人死于此病。

1825年，埃及人看到一颗彗星，在那段日子里，成千上万头牲畜倒毙于地。

我国是最早观测彗星的国家，曾有"春秋昭十七年冬有星孛入于大辰"记载。我国民间称彗星为扫帚星，素来视为不祥之兆。在这点上，尽管东西方文化渊源不同，观点却不谋而合。

彗星带来的大丰收

现实似乎也不尽然，例如，1811年那颗彗星拖着长达1800万千米的蔚为壮观的彗尾出现后，那一年欧洲的葡萄却意外地喜获丰收。美滋滋的欧洲人把那一年酿出的葡萄酒叫作彗星美酒。

1858年，当多纳蒂彗星出现时，所过地区的葡萄园又是一派硕果累累的丰收景象。

哈雷彗星带来的一场虚惊

20世纪初，天文学家们曾预言，1910年哈雷彗星会回到近日点，并与地球相撞。

消息传出，人们惊恐万状，不知所措。

据测算，彗星体积极其庞大，彗星直径达57万千米。当时科学家认为，且不说彗头，地球即使遇上那明亮而漫长的彗尾，钻进它那灼热的气体之中，那也将导致致命的结果。

于是，一度消除了的对于彗星的种种恐惧和迷信又复苏了。有些庸医、骗子借机兜售"彗星抗毒丸"，说是服用它可以抵抗彗尾的有毒气体，以此牟取暴利，一些国家的报纸甚至载文惊呼，说是世界末日即将来临。

1910年5月9日，哈雷彗星果然经过地球轨道，它那长达数千万千米的尾部与地球相遇了。然而，人们并无任何异样感觉，地球在彗尾中依然按自己轨道正常运行着，一切都完好无损，完全是一场虚惊。

其实，彗星是由极其稀薄的气体组成，其密度仅及地球密度

的几千亿分之一。8000立方米彗星气体含量还不到1立方厘米地面大气含量，倘再将之压缩到地壳物质一样的密度，那就更微乎其微了。

因此，地球穿过彗星尾部，当然就像利箭在薄雾中飞驰，安然无恙了。

彗星是太阳系中体积最大而质量很小的天体。这里所说的质量小，是与其他天体比较而言，实际上它的质量在几百万吨至一亿亿吨左右，与地球上的物体比较起来，它还是有极大的质量。

两位天文学家的观点

每逢彗星出现时，地球就会发生瘟疫的观点是英国两位杰出的天文学家维克拉马兴格教授和霍伊尔爵士提出的。他们声称，星际空间中充满微生物尘埃。彗星在太阳系诞生时，由星际微生物尘埃、病菌和冻结气体混合而成。

彗星进入太阳系，有些尘埃落入地球的大气层，霍伊尔和维

克拉马兴格列举了从太空传来疾病的例子，甚至指出与哪颗彗星有关。

例如，哈雷彗星环绕太阳一周需时75年至78年，1957年，亚洲型流感蔓延全球，在此之前77年也蔓延过一次。

他们认为，此病突然流行是这颗彗星带来的一团团尘埃所致。两位天文学家声称，虽然从太空来的微生物可能给地球生物带来一场浩劫，但是地球上出现生物和生物不断进化也跟这些微生物有莫大关系。

两位天文学家的研究

两人为了印证其推论，着手研究英国寄宿学校突然蔓延流行性感冒的情况，发现流行性感冒并非如一般人所预料那样，从一座宿舍蔓延到另一座，而是在个别宿舍偶然发生的，按道理应是飘浮于大气中的微生物引起的。

1948年，流行性感冒在意大利萨丁尼亚蔓延，情况正是这样。他们认为，病毒一旦侵入地球，就会使寄生体内的遗传物质

发生永久变化，并且遗传给后代子孙，由此产生进化现象。

有一段时间，这两位天文学家似乎与科学界孤军作战。后来，太空探测器于1986年飞近哈雷彗星，才发现这颗彗星放出的尘埃含有碳、氢两种元素，都是生物不可或缺的。

地球上瘟疫的发现这一切是否都与彗星有关，还有待于科学家的进一步证实。

延　伸　阅　读

6世纪地球上发生过一次大灾难，由于地球上的农作物被完全毁灭，全球爆发了一次灾难性的大饥荒，并最后引发了那场在欧洲大地肆虐、让人们谈之色变的黑死病。这场大灾难据说是由一颗小彗星与地球相撞造成的。

月球起源的说法

月球起源的争论

在科学的概念里，月球是地球唯一的天然卫星，它围绕着地球回旋不息，它诞生40多亿年来，从未离开过地球的身旁，是地球最忠实的伴侣。

月球的起源与演化一直是人类十分关注的自然科学的基本问题之一。100多年来曾有过多种有关月球起源与演化的假说，但至今仍众说纷纭，难以形成一个统一的说法。这些月球成因学说

争论的焦点在于：月球是与地球一样，在太阳星云中通过星云物质的凝聚、吸积而独立形成，还是在后期的演化中被地球俘获而成为地球卫星的？那么，月球到底是怎样诞生的呢？

撞击说

有科学家曾断言，月球是地球早期与另一个天体发生猛烈的宇宙碰撞时产生的。也就是说，月球是在一次大撞击之后，从地球母体中分裂出来的部分物质形成的。1984年，探索月球的科学家们就以碰撞学说举行了首次学术讨论会，大家的看法已逐步趋于一致。

大约45亿年以前，一颗巨大的星体，或许与火星的大小差不多，在一次空前的宇宙大碰撞中猛击了地球。两个天体的球壳都很薄，撞击时破裂开来。撞击物艰难地破开地幔，全面进入地核，在那里留下了大部分躯体。来自两个天体地幔中的含硅非常多的岩石

挥发掉了，残片便形成一团环绕地球运转的云雾。气体冷却之后，云雾颗粒冷凝成一个薄薄的光环。在那里，通过反复碰撞，粒子开始聚合增大，经过数千万年之后，月球就逐渐诞生了。

巨形宇宙飞船说

苏联科学家瓦西里和谢尔巴科夫曾提出：月球是一个受智慧生物控制的天体，也就是巨形宇宙飞船说。假如这个假说成立，那么月球应该是中空的，那么月球的全部天文参数都应符合这种特性。

后来苏联两名科学家的假说得到了许多事实的支持。宇航员在月面上做的月震试验、火箭三级毁月试验都表明月球是中空的，试验时产生如铜钟般的震动效果。从这些现象中，都说明月球是受外星人操控而来到地球身边的一个外星人人造天体的可能性相当大。

根据宇宙信息，有人更确切地提出，月球的确是外星人改造过的一个天体，是外星人的宇宙基地。后来，种种原因又使月球变为高轨道飞行，而且慢慢远离地球。这种假说或许有些神奇怪异，但根据近年来的地球气候变迁和宇航登月飞行的试验表明，上述假说又好像非常有道理。

月亮与地球的关系

据俄罗斯《真理报》的最新报道，俄罗斯科学家利用计算机对远古时期的大量遗迹进行分析，再次证明月球是上万年变迁的结果。研究表明，正如许多神话传说中所说的那样，在很久以前，天空中本来没有月亮，它是在大洪水之后才出现的。

只是，大洪水前没有月亮的说法似乎不能成立。但是俄罗斯科学家认为，会不会有这种可能：当时的确没有月亮，但是有另外一个星体存在，是它起到了作用呢？而据玛雅文明留下的文字

资料记载，在当时高悬夜空的并不是月亮，而是金星。古罗马人也认为，正是因为金星的颜色、大小、形状和运行轨道后来发生了巨大改变，才导致了大洪水的发生。

月亮究竟从哪来

许多神话传说都认为，大洪水之后，天空一片漆黑，然后月亮升起来了。

一些科学家相信：月亮并不一直都是地球的卫星。德国天文学家盖斯特科恩认为，月亮

的年龄大约只有地球年龄的一半。月亮形成之初，它的运行轨道本来离地球相当之远。然后，某个太空飞行物从月球身边擦身而过，从而改变了月亮的轨道。接下来，月亮离地球越来越近，最后被地球所"俘获"。从此，月亮接近地球时，导致涨潮、火山爆发和地震。此外，有许多其他理论解释月亮究竟从何处而来。

月亮是地球的一部分

"会不会有陨星将和地球相撞"成了更多人讨论的话题。陨星和真正的星体相比要小许多，而其中也有体积相当大的，大到足以毁灭地球上的所有生命。人们因此得出结论：一些小的星体其实就是大星球的碎片。因此，有可能陨星是其他星球的一部分。

俄罗斯科学家阿那托里·车恩亚夫认为，这种说法也可以解释月亮的由来。按照他的理论，由于某种原因，地球的一个巨大部分和地球分离，但是它无法摆脱地心引力的束缚，最后成为地球的卫星，即月亮。当然这种理论目前还无法证实。

延 伸 阅 读

共振潮汐分裂说坚持月球是地球的"亲生女儿"，即月球是从地球中分裂出来的。

月球起源的同源说坚信月球与地球是姐妹或兄弟关系，月球与地球在太阳星云凝聚过程中同时出生，或者说在星云的同一区域同时形成了地球和月球。

月球是空心的吗

科学的探测方法

月球到底是实心还是空心，我们无法用天平去称，也不能用阿基米德浮力定理将其放入海洋中去测量。唯一的办法就是用更为先进的仪器去测量，比如测量共振频率，看共振时间持续长短，或用无线电波探测等方法。

1969年，在"阿波罗"11号探月过程中，当两名宇航员回到

指令舱后3小时，"无畏号"登月舱突然失控，坠毁在月球表面。离坠毁点72000米处的地震仪，记录到了持续15分钟的震荡声。如果月球是实心的，震波只能持续3分钟至5分钟。这一现象证明月球是空心的。

首次发生的月震

人类首次对月球内部进行探测始于"阿波罗"12号，当宇航员乘登月舱返回指令舱时，登月舱的上升段撞击了月球表面，随即发生了月震。月球摇晃震动55分钟以上，而且由月面地震仪记录到的月面晃动曲线是从微小的振动开始逐渐变大的。振动从开始到强度最大用了七八分钟，然后，振幅逐渐减弱直至消失。这个过程用了大约一个小时。

人为制造月震

在"阿波罗"12号造成奇迹后，"阿波罗"13号随后飞离地球进入月球轨道，宇航员们用无线电遥控飞船的第三级火箭使它撞击月面。由此，"阿波罗"13号人工月震获得长达3小时的振动。"阿波罗"14号也采用同样的方法撞击月面，振动持续了3个小时，深达月面下35410米至40230米。

"阿波罗"15号在14号之后接着又做了人工月震试验。这次月震最远传到了距撞击地点700英里远的风暴洋。如果用同样的方

式在地球上制造地震，地震波只能传播1000米至2000米，也不会持续一小时之久。

科学家的结论

科学家认为，地球在地震时所发生的反应与月球在月震时的反应完全不同。地震研究所的主任莱萨姆认为，这种长时间振动现象在地球上是绝对不会发生的。这显然是由于地球和月球的内部构造不同造成的。

几次人为的月震试验和根据月震记录分析，都得出了相同的结论：月球内部并不是冷却的坚硬熔岩。科学家们认为，尽管不能得出月球这种奇怪的震颤意味着月球内部是完全空心的结论，但可知月球内部至少存在着某些空洞。如果把月震测试仪放置距离再远一些，就可得出月球完全中空的结论。

月球是空心的假说

根据上述事实，苏联天体物理学家米哈依尔·瓦西里和亚历山大·谢尔巴科夫大胆地提出"月球是空心"的假说，并在《共青团真理报》上指出："月球可能是外星人的产物。15亿年以来，月球一直是外星人的宇航站。月球是空心的，在它的内部存在一个极为先进的文明世界。"如果月球是空心的，且有外星人居住，那么月球来到地球的时间应比地球诞生时间晚25至30亿年。

　　但是，这个结论还有待印证，因为从宇航员由月球上带回来的岩石标本看，又证明岩石中有的是在70亿年前生成的，这比地球和太阳的年龄，即46亿年还古老。因而这种假说似乎不被人们所接受。月球究竟是空心还是实心，还有待于继续研究。

延 伸 阅 读

　　月震比地震发生的频率小得多，每年约1000次。月震释放的能量也远小于地震，最大的月震震级只相当于地震的2级至3级。月震的震源深度可达月球表面以下700千米至1000千米处，而地震的震源深度仅几千米至670千米左右。

星系的科学考察

仙女星系与银河系会碰撞吗

研究表明，银河系一旦与其他星系相遇，碰撞时所产生的超大冲击波将会压缩星系内部的星际气体云团。但是，这一巨大的灾难只会发生于数十亿年后，虽然两者碰撞的时间比科学家所预测的要早得多，但对于人类来说仍很遥远。

太阳系外发现新行星

一个国际天文学家小组发现了一个存在于太阳系之外的新行星，并将其命名为HAT-P-2b。

这颗行星所围绕运行的母星，距离地球大约400光年。HAT-P-2b行星的平均密度是水的6.6倍，比木星的密度大8倍。

新系外行星

一个国际科研小组发现了一颗大小像木星、轨道像水星的太阳系外行星，并将其命名为"科罗-9b"。它的质量大约是木星的80％，并同木星和土星等行星一样，主要由氢和氦构成，并且表面具有高温高压状态下的水和固体物质。由于表面具有反射作用的云层，它表面的昼夜温差不大。

延 伸 阅 读

草帽星系：最早发现草帽星系的是法国天文学家梅襄，他于1781年发现了它。梅襄在给另外一位天文学家的信中这样写道："我在乌鸦座的上方发现了一个星云，它似乎不含有恒星。"

看北斗星判断季节

　　北斗七星属大熊星座的一部分，从图形上看，北斗七星位于大熊的尾巴。这7颗星中有5颗是2等星，2颗是3等星。通过斗口的两颗星连线，朝斗口方向延长约5倍远，就找到了北极星。

　　北斗是由天枢、天璇、天玑、天权、玉衡、开阳、摇光7颗星

组成的。古人把这7颗星联系起来想象成为古代舀酒的斗形。天枢、天璇、天玑、天权组成为斗身，古时候叫作"魁"；玉衡、开阳、摇光组成为斗柄，古时候叫作"杓"。

季节不同，北斗七星在天空中的位置也不尽相同。因此，我国古代人就根据它的位置变化来确定季节。

北斗七星中，"玉衡"最亮，亮度几乎接近1等星。"天权"最暗，是5颗2等星。在"开阳"附近有一颗很小的伴星，叫"辅"，它一向以美丽、清晰的外貌引起人们的注意。据说，古代阿拉伯人征兵时，把它当作测验士兵视力的"试验星"。

北斗七星始终在天空中做缓慢的相对运动。其中5颗星以大致相同的速度朝着一个方向运动，而"天枢"和"摇光"则朝着相

反的方向运动。因此，在漫长的宇宙变迁中，北斗星的形状会发生较大的变化。

每年3月至5月为春季，以4月中旬晚上八九点钟看到的星空为例，这时你会看到北斗七星斗柄指向东方。

每年6月至8月为夏季，以7月中旬晚上八九点钟看到的星空为例，这时北斗七星的斗柄指向南方。

每年9月至11月为秋季，以10月中旬晚上八九点钟看到的星空为例，这时北斗七星已来到北方低空。一般来说，这时在我国长江流域以南的地区是很不容易见到北斗七星了。

每年12月至第二年2月为冬季，冬季尽管天气寒冷，可冬夜星空中的亮星胜过其他3个季节，显得分外壮丽，这时北斗七星已来

到东北方天空，以1月中旬晚上八九点钟看到的星空为例，斗柄指向北方。冬夜星空的中心是出现在南方天空的猎户座。古希腊神话故事把猎户座想象成一位勇敢的猎人。

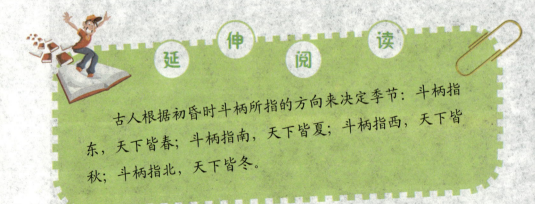

延 伸 阅 读

古人根据初昏时斗柄所指的方向来决定季节：斗柄指东，天下皆春；斗柄指南，天下皆夏；斗柄指西，天下皆秋；斗柄指北，天下皆冬。